娇艳的布艺花
FABRIC Blooms
花朵饰物创意制作

〔美〕梅根·亨特　著

韩芳　译

河南科学技术出版社
·郑州·

目录

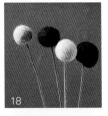

前言

大家好，我叫梅根，从事写作与物品设计工作，同时也是一个乐于分享的人，非常愿意成为大家的朋友。2005年，我开办了一家叫作公主小店的公司，利用布料、不织布、刺绣和老式扣子制作婚礼花束和装饰花朵。随着公司的日益发展，我们又增添了婚礼咨询、伴娘的婚纱礼服设计服务，然而时至今日，我最爱的还是花朵制作。每一次为新娘设计捧花，或通过邮件交流设计理念并将新人的家族珍藏融入创作灵感中，或看到我的作品见证了一对新人具有重大意义的时刻，这些都是我热爱这份工作的动力。几年来，我与许多新娘都倾力合作过，将她们对婚礼花束的想法变为现实；现在能够通过这本书来跟大家分享我的技艺与方法，也是一件令人兴奋的事情。

为了这一刻的到来，我这几年都忙于仔细记录整理所有自己喜爱的作品的制作步骤，同时为本书增加了其他的设计灵感。在本书中你可以看到42款设计简洁、制作简单的花朵。如果你不擅长模仿花瓶里的插花，我也为你准备了各种花的纸型。从毛衣上的装饰花朵到头花，再从花环到靠垫，我们可以用无数方法来制作传统的布艺花朵，用它们来装点你的家和衣橱。

制作大多数花朵的材料都很简单易得，因此你可以很快就享受到作品带给你的愉悦感。我所设计的作品很适合消磨时间，与自己的侄女一起找一些酷酷的老式布料，给朋友制作一个生日礼物。无论你的风格是什么，这些简洁的设计都会成为你开始创作的美好起点。

下面是给大家的一个建议，以便大家能够更好地使用本书。做手工时，我特别喜欢全情投入，边做边想。正因如此，我为大家提供了每个作品的制作方法和图片，以便在制作时对你有所帮助。无论你是严格按照步骤制作还是加入自己的想法，这些设计都会激起你的兴趣，让你拿起剪刀开始制作。

希望本书能够对你制作布艺花朵有所帮助，同时会给你带来一些灵感，将你与这一门传统技艺联系在一起：挥动剪刀，穿针引线，感受多年以来这些老式扣子的质感与重量，让我们坐在舒适的椅子上开始等待一朵朵新颖别致的布艺花朵吧。

用身边现有的布料开始探索自己的创作潜质吧，只需一些简单的工具就能带来一个繁花似锦的世界。

工具、材料和基本技法

工欲善其事，必先利其器，下面就是我制作花朵时常用的工具，如果你是个热爱手工制作的人，这些工具应该已经备齐了，如果没有的话，在当地手工商店里可以买到，也可以在网上或旧物店购买小配件、工具、布料及其他材料为自己的作品增添生气。

小配件

像发卡、发带、别针、鞋扣等一定要准备，如果碰到大减价的时候，我都会大量囤积这些小配件，为以后制作漂亮的花朵饰品或礼物做准备。有了好的想法后，一朵布艺花的命运可能就从此改变了。

布料

制作花朵不需要很多布料，所以余料和废料都是很好的资源，旧的衣物和床单也可以重新利用，尤其是一些精致的旧棉布。这些旧的薄棉布因掉色而变得色彩柔和，很适合做花瓣，以下是我常用来制作花朵的布料。

不织布

我很喜欢成尺购买不织布来制作大的花朵，100%羊毛毡是比较难买的，但还是可以在网店或实体店买到颜色较少的混纺毛毡或很好的不织布。它是我最钟爱的布料，用它做花不需缝制、不用锁边，效果很好。

棉布

棉布持久、耐用，可用于制作多种作品，易洗易干，而且布料易得，可以在当地布料商店买到，也可以旧衣利用。

棉纱布

棉纱布精致稀薄，适合制作柔软的花瓣，其实这种布料也并不是特别薄，在制作的最后用细针和细棉线缝制便可定型，也可以经过熨烫黏合衬，一起制作既有棉纱质感又有硬度的作品。

针织布

针织布也是一种弹性很大的织物，裁剪时不容易散开，就我看来这种布料更加朴实，比较适合制作那些看起来比较随性的作品。织物上浆材料很适合用在棉质针织布上，这种布易于熨烫打褶，适合制作花瓣和凸显层次。

人造革

我喜欢选择环保材料，网上有很多售卖人造革的店铺，其中有各种质地和颜色可供选择，人造革也叫PU，它比真皮还要容易缝制、裁剪。这种材料比较费针，所以要多备些针。我建议把这种材料贴在纸型的反面描图，如果要熨烫的话建议在上面铺上熨烫布。

线

每个手工制作者的针线筐里都有自己最喜欢的线，而我最喜欢用绣线，它的作用与记号笔等同，可以在布料上画出合适的粗细。我喜欢用不同的股数来决定线的粗细，这种线很结实、不易断，所以我一般会选用六股绣线和丝光刺绣棉线或是用蜡线来做。

六股绣线

也许当地的商店会展示出各色的六股绣线，这种绣线特别常用，因为它可以被分股用来完成较细的针脚。

丝光刺绣棉线

丝光刺绣棉线也是一种常用的绣线，这种线适用于密实的针脚，它是由两股不可分的棉线拧在一起的，可用于制作贴布缝、绒绣、十字绣及其他手工。它通常都是以团状或束状售卖的。因为不能分股，因此在刺绣时功能比较单一，但它的好处就是比六股绣线更为结实。

蜡线

我特别喜欢用蜡线，尤其是在需要加固针脚但又需线迹不明显的情况下。市场上常称它为"人工牛筋"，常用于串珠、皮革工艺和普通缝制。我常用它来将不织布花瓣聚拢在一起，它结实耐用，需要细线时也可以分股。在用不织布或防水布制作花朵时，我基本都用这种线。

包装用麻绳

你有没有想过用包装用的麻绳来缝制呢？它以前是用作点心的包装绳，如今这种成卷的彩色绳子在手工制作中很流行，这种绳多为大卷的，使用时根据需要剪断，所以用来聚拢花瓣或在叶子的边缘缝制装饰性线迹。

花艺胶带

如果以前没用过花艺胶带，可能会感觉比较麻烦，在这里我就讲一下花艺胶带的使用方法。花艺胶带就是一卷纸胶带，拉伸之后两面都带黏性，我建议使用花艺胶带时不要超过12.7厘米长，在使用过程中要不断地轻轻拉伸花艺胶带以便其具有黏性。

如同其他手工制作一样，你需要不断练习才能更有经验，知道自己固定花瓣或茎时花艺胶带的使用量。我们可以试着将花艺胶带缠在铅笔上，如果是用来粘贴不规则的花瓣，那就从中心的小花瓣开始，最后再固定最外面的大花瓣。

织物硬化剂

有时我们需要使花朵更稳定有型，但又不想加厚布料，那就需要使用织物硬化剂了，这是一种水基溶剂，等布料晾干就会显得很有型，可用这种溶剂浸泡布料，挤出多余的硬化剂，然后晾干，也可以将它用于已成型的布艺饰品中。

叶子

如果想要裁剪或缝制叶子，或者想在帽子上装饰花朵，可以有很多的选择来为自己的布艺花朵增加一抹绿色，下面是我常用的DIY方法：

Ⓐ 带链式绣饰边的泪珠形叶子

Ⓑ 直线绣沿中心装饰，固定在茎上的细长形叶子

Ⓒ 固定在有织物包裹的茎上的心形叶子

工具

除了扣子和布料，我的工作室里还有很多其他可用于成品制作、装饰固定茎和能化腐朽为神奇的金属小配件。以下就是一些制作本书介绍的花朵时所需的工具。

花边剪刀

建议你多准备一些装饰性的布艺剪刀。比如我们可用锯齿花边剪刀、月牙花边剪刀裁剪花瓣边缘，甚至一把浪波花边剪刀就可以改变整个作品的外观，出其不意的饰边可以给饰品增加奢华的质感，同时也会使其更有卖点。

针

制作物品时选对针则会使制作过程更加简单。选择针的时候最好要考虑使用的布料类型。布料越薄，使用的针也会越细，而手工缝制用针更适用于薄的布料。在制作本书中的花朵时我推荐使用长眼绣花针，因为在设计时我们用的基本都是绣线或丝光刺绣棉线。

装订夹

当裁剪边缘或花瓣时，或要将几层布缝在一起时，我们需要将许多层布叠在一起固定，我发现这时用装订夹非常好，而且它也不会将布弄出褶皱或撕烂。

钳子

茎都是用一种叫作花艺铁丝的材料制成的，它的主要作用就是支撑花朵。这时，你需要好用的钳子，当然钳子的型号取决于花艺铁丝的粗细，较细的花艺铁丝可以直接使用剪切力强的剪刀；但是较粗的花艺铁丝，比方说18号及以下粗的花艺铁丝则需要用钳子了。

帽子饰物和花蕊

帽子上的饰品，如花朵、叶子、浆果等都是用天鹅绒、丝绸、纸张或塑料固定在短小的茎上制成的，而真的花蕊、奇形怪状的水果或艳丽的花朵都是可以用来装饰帽子的（过去许多衣着讲究的人士都是这样做的），现在用手工作品装饰很普遍，许多手工艺品商店都可以买到这种帽饰，但我觉得在跳蚤市场、古董店都可以买到制作帽饰的丝带和布料。

纸型

本书中的花朵有的是同一个造型的多个版本，里面有各种花瓣、叶子或裁剪的制作步骤，书中最后也附有实物大小的纸型，只需复印或描图，剪下再描画在布料上即可，我是用裁缝用的画粉来描画图样的，当然你也可以用细铅笔或记号笔描图。

花蕊

花蕊不仅能使花朵生机盎然，而且还多了几分立体感和独特感，我喜欢在古着店里搜寻旧的花蕊，也从不放弃网上资源，但最简单的还是自己制作，下面是为花朵配上花蕊的六个制作方法，只需一点布料、废铁丝或包布花线及花艺胶带就可以在几分钟内做成一个花蕊，而这些材料也许在你制作完花朵后就早已不经意扔掉了。

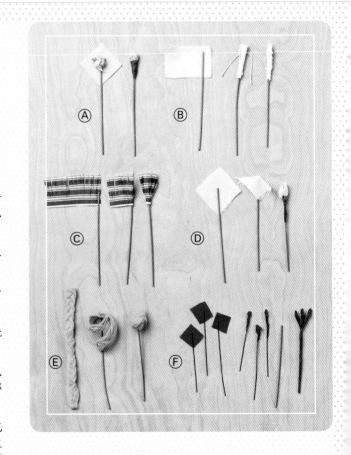

Ⓐ 将废布块放在2.5cm×2.5cm的布料上，将正方形布料四角内折包住废布料，然后将其用花艺胶带与包布花艺铁丝固定。

Ⓑ 用白色雪纺绸包住一根花艺铁丝顶端，用白色线将上部固定。

Ⓒ 将棉布（7.6cm）上方剪出流苏，然后将其用花艺胶带与花艺铁丝固定。

Ⓓ 将正方形丝绸或棉布叠成三角形，将最外面的角缠绕在包布花艺铁丝上，用花艺胶带缠紧。

Ⓔ 将3根3mm宽的黄色不织布编成辫子，将辫子缠绕在包布花艺铁丝上，用胶水粘牢，然后用花艺胶带将底部缠紧。

Ⓕ 将3片2.5cm×2.5cm的棉纱布缠在3根5.1cm长的包布花艺铁丝上，然后用花艺胶带缠紧。将每一个花蕊固定在其他花艺铁丝上，使花蕊错开，然后在基部用花艺胶带缠紧。

刺绣针法

平针绣

这种针法是将针脚均匀地分隔穿过织物形成的，多个此类针脚连在一起即称为平针绣。

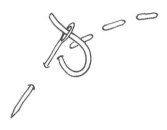

雏菊绣

先将线做成一个线圈，然后在线圈上部缝一针固定，形成一个如同花瓣的装饰性针脚。

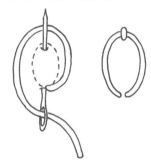

回针绣

这种简单的针法可形成结实的缝制线，所以非常适合用来形成轮廓线来增加作品的质感，将针穿入上一针的尾部向后缝制即可形成回针绣。

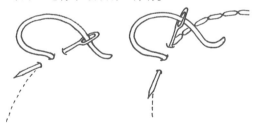

锁链绣

这种针法可以将一串线圈连在一起形成漂亮的针脚，可以做成可爱的轮廓或饰边，为了在绣完倒数第2针（前面是第1针）之后，将针从第1针的线圈下方穿过，重新插入倒数第2针的线圈内出针处，完成最后1针的同时也连成了环形。

 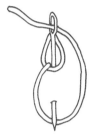 

法式结粒绣

这种优雅的小结在刺绣和装饰时可以为作品增加情调与质感，针穿过织物后，缠上线，再从起针旁边重新穿过，将线拉紧，使绣线贴近织物。

布艺花朵和花束

Basic Rose
优雅玫瑰

本章我们讲述怎样制作优雅挺立的玫瑰，大家可以试试我的方法，来制作这种受人喜爱的花朵，无论是花瓶中的一枝独秀还是扎成花束都十分漂亮，还可以制作成花冠发卡（93页）！

制作1枝花的材料

1长条棉布：114.3cm×7.6cm
正方形棉布：5.1cm×5.1cm（可以用前一种布料，也可以用其他颜色相配的布料）
1根包布花艺铁丝：10.2cm
花艺胶带
防脱边胶
钳子
剪刀
纸型（125页）

制作方法

1 将棉布剪成18片长方形布片，每片布为：5.7cm×7.6cm，可以把布条对折，等分为每片5.7cm，然后再裁剪会更容易。

2 参照纸型，将每一片长方形布片剪成纸型的样式。

3 用防脱边胶小心涂抹每片花瓣的边缘，晾干，这样会使玫瑰更加精致也更加耐用。

组合成花

成品尺寸：直径约10.2cm

4 用5.1cm×5.1cm的正方形棉布制作花蕊，将正方形棉布叠成三角形，将最外面的角缠在花艺铁丝上，然后用花艺胶带将其与花艺铁丝固定。

5 现在可以绕花蕊固定花瓣了。将花瓣放在两指之间，由下往上卷，将其固定在花蕊旁边，用一小段花艺胶带缠紧。

6 握住花瓣下端将其用一小段花艺胶带固定在花蕊旁边，继续用同样的方法将花瓣绕着花蕊固定。

等花瓣都固定之后，可以将其固定在更长的花艺铁丝上以便制成花束，也可以单独做1枝插入花瓶里。

Felt Marigold

金盏花

这朵坚挺的花朵颜色俏丽，质地柔软，是花园中最漂亮的花朵之一，这种毛茸茸的不织布花和真花一样惹人喜爱。

制作1枝花的材料

1长条黄色不织布：45.7cm×3.8cm

圆形黄色不织布：直径2.5cm

丝光刺绣棉线

1根花艺铁丝：22.9cm

2个扣眼的扣子：直径2.5cm

花艺胶带

长眼绣花针

热熔胶枪

剪刀

钳子

纸型（126页）

制作方法

1　将不织布剪成18片长方形布片，每片长2.5cm，复制金盏花纸型，然后将每一片长方形布块沿描线剪成纸型的样式。

2　针上穿上45.7cm的线，将花瓣缝制在圆形花基上，将边缘折向第一片花瓣的中心，然后向圆形花基的外边缘缝制，因为花瓣太小了，所以这种制作过程可能要多试几次才能成功，不过一旦掌握，进展就会很

快，然后将所有花瓣都围绕花心缝好，记得一定使各个花瓣挨紧，不要留出空隙。

3 继续将花瓣缝在里面的一圈，慢慢将中心填满，最里面的花瓣下边会稍稍皱起来，就形成了花心。

4 将一根花艺铁丝对折，穿过扣眼，轻轻将花艺铁丝拧到根部。

5 将金盏花花基用热熔胶粘在扣子上，最后将茎用花艺胶带缠好。

组合成花

成品尺寸：直径约7cm

多彩羊毛纱小球

将柔软如棉花糖一样的羊毛纱制作成紧实的小球确实让人心满意足，如果做小一点，这些小球还可以做成玫瑰或罂粟的花蕊；如果做大一些，也可以插在精致的花瓶里独成一景。

制作1枝花球的材料

羊毛纱
皂液（无特殊要求）
1碗热水
1碗冷水
1根26号包布花艺铁丝：22.9cm
热熔胶枪
钳子

制作方法

1 撕下一片羊毛纱，直径约5.1cm，制成球形就会变得很小。

2 手上抹少许皂液然后用两只手掌轻轻地将羊毛纱搓成小球，起初制作的球坯一定要蓬松。

3 将做好的小球浸入热水，浸湿后继续在手里搓。

4 当小球慢慢成型，再将其浸入冷水使纤维紧缩。

5 在搓的过程中不断在冷水和热水中交替浸湿，漂去皂液，使小球紧实。

6 等小球变得非常小时，将它们包入毛巾里干燥。

7 当小球完全干燥后，在花艺铁丝顶端稍微涂一些热熔胶，然后将花艺铁丝穿入小球的中心，只插入一半即可。

8 按照要求裁剪花艺铁丝。

组合成花

成品尺寸：直径约2.5cm

Felt Pom Flower

金色的绒花

你永远无法预料自己的作品有多棒。这种可以快速完成的作品，比其他花朵更容易为你带来成就感。我喜欢用它组成花束，或者为增添美感扎在一起代替那些普通的蝴蝶结来送给好友做生日礼物。用宽窄、长短不同的不织布随意发挥，就可以得到美得令人窒息的绒花了。

材料与工具

制作1枝花的材料
1长条不织布：76.2cm×5.1cm
4片绿色不织布：5.1cm×7.6cm
绿色绣线
1根包布花艺铁丝：25.4cm
1颗大扣眼的扣子：直径5.1cm
装订夹
锯齿花边剪刀
热熔胶枪
长眼绣花针
纸型（125页）

制作方法

1 将长布条对折两次，用装订夹固定布层底边。

2 用锯齿花边剪刀沿着不织布长边一侧剪出锯齿边，每一层不织布都剪透，形成流苏状，但另一侧边缘不剪断。

组合成花

成品尺寸：直径约12.7cm

3 打开布，从一头将流苏卷起，花朵形成后将花的底部用热熔粘牢。

4 按照纸型，用绿色不织布分别剪出4片叶子。

5 用61cm长的绿色绣线穿针，将相同的叶子并在一起用回针绣的方式沿边缘缝合在一起（可参照11页的刺绣针法）。当然也可以用其他刺绣针法缝合。

6 用热熔胶将叶子粘在花朵的下方。

7 将绣线穿入扣眼，留出2.5cm的线头，在扣子下方将留出的线头绕花艺铁丝拧好，绑紧，用热熔胶将扣子粘在绒花的下方。

这种吸引眼球的花朵任何颜色都可以，我最喜欢用鲜艳的不织布来制作，然后再与其他浅色花搭配使用。

Cotton Pom Bouquet

棉布手捧花

这束手捧花是最能传递欢乐和美好的，传统的手捧花搭配上美丽的绒球花便
组成了一束令人心情愉悦的花束。无论是作手捧花还是装点家居都很合适。

制作1枝花的材料

8长条棉帆布：5.1cm×38.1cm

8长条棉纱布或衬衣布料：5.1cm×48.3cm

16片绿色不织布：3.8cm×5.1cm

48颗大小、颜色各异的漂亮扣子

16颗扁平扣子（置于花朵底部，看不见）

8颗白色小扣子

16根20号花艺铁丝：45.7cm

1卷花艺胶带

缎带：183cm×2.5cm

装饰珠针

装订夹

热熔胶枪

剪刀

钳子

纸型（126页）

制作方法

1 将棉帆布对折两次，用装订夹固定布层底边，然后用锋利的剪刀将上边缘剪成流苏，注意不要将布条剪断，去掉装订夹，这样就完成了一条漂亮的帆布流苏。

2 打开棉帆布，从一头将流苏卷起，用少量热熔胶将流苏稍稍打乱以形成花瓣。

3 按照纸型，用绿色不织布分别剪出叶子，如25页图所示，在底部剪开一个6mm的小口。

4 将花艺铁丝对折后穿入3颗扣子（从48颗大小、颜色各异的漂亮扣子中随意选3颗扣子），将花艺铁丝拧几下使扣子固定在花艺铁丝顶端，再在花艺铁丝上穿3颗扣子。

5 将花艺铁丝穿过绒花中心，注意穿的过程中不要将花弄散，然后再轻轻地将用绿色不织布制作的叶片穿在绒花的底部。

6 在叶子下部再穿上扁平扣子，这样使茎更坚固，使花不至于下滑，扣子也可以用旧的，因为成品中是看不见它们的。

7 将花并朵在一起，将2根花艺铁丝拧在一起固定。

8 重复步骤1~7，用棉帆布再做出7朵花。

9 将棉帆布花朵混在一起，重复步骤1~3，用棉帆布制作流苏，与叶子搭配制作绒花。

10 为了给绒花做茎，将花艺铁丝对折穿入白色小扣子，将扣子推到最顶端打弯处，再轻轻穿上绒花和叶子。

11 穿入扁平扣子，使扣子处于花的底部，起到固定作用，然后将花艺铁丝拧好固定。

12 重复步骤9~11，用棉纱布制作7枝同样的花。

13 选取自己最喜欢的3枝花放在中间，再将茎并在一起用花艺胶带向上缠到中间位置，使它们紧紧并在一起。

14 继续一朵一朵地加入两种花并用花艺胶带缠紧，使这两种花分布均匀之后就将它们用花艺胶带扎紧，花艺胶带缠绕的高度为茎的一半，和中心的3枝花缠绕方式一样。

15 下一步就是用热熔胶将缎带粘在离茎底部2.5cm处，固定之后开始缠茎。

16 最后再涂些热熔胶，将缎带完全包住茎后拉紧、固定。将热熔胶晾干，然后继续往上缠，再往下缠，重复几次直到盖住所有花艺胶带。

17 缎带缠绕好后，用一点热熔胶将缎带固定在花束手柄上端。结束时加入一根装饰珠针，使花束更挺立，手柄也由于缠绕缎带而很光滑。

组合成花

成品花束尺寸：直径约15.2cm

Felt Posy

娇艳的不织布花朵

不织布花朵简单易学，最适合制成大的作品，一桌子这样美丽
的花朵一下午就可以做成，把它们与刺绣圆形花（44页）搭配
还可以做成硕大艳丽的花束。

制作1枝花的材料
1长条羊毛毡：25.4cm×5.1cm
1长条羊毛毡：25.4cm×3.8cm
蜡线
1根18号绿色花艺铁丝：45.7cm
2颗漂亮扣子
1颗扁平扣子
长眼绣花针
剪刀
钳子
纸型（126页）

组合成花

成品尺寸：直径约8.9cm

制作方法

1 将两种羊毛毡分别裁剪成宽2.5cm的长方形布块，共20块。

2 用大、小两种花的纸型将长方形布块剪成花瓣，然后按照大、小分类。

3 用蜡线穿针，再稀疏地在大的花瓣底部做一圈平针缝。

4 慢慢将缝线拉紧使花瓣聚拢，线尾打平结，剪断时留1.3cm线头。

5 重复步骤3、4，制作小的花瓣，将线拉紧使花瓣聚拢，线尾打结固定。

6 大花瓣在下、小花瓣在上将花瓣重叠。

7 将花艺铁丝对折，穿上漂亮的扣子，然后将重叠的花瓣穿在花艺铁丝上。

8 将扁平扣子穿到花的底部，这样就使茎更挺立，花朵不易下滑。

9 将花并在一起，并将2根绿色花艺铁丝拧在一起固定。

Calla lily Bouquet

盛开的马蹄莲

迷人的马蹄莲可以做成朋友喜欢的颜色，送给她做婚礼捧花。
它无须缝制，孩子也可以学习制作，而且还能用大小各异、颜
色不同的扣子来装饰，当然花朵也可以大小不同、形态各异。

制作1枝花的材料

1片正方形不织布：7.6cm × 7.6cm
1根18号花艺铁丝：45.7cm
10颗小扣子
1颗稍大的扣子：直径约1.3cm
布艺胶水
剪刀
钳子
纸型（124页）

制作方法

1 按照纸型将不织布剪成花瓣的形状。

2 将马蹄莲的花尖对着自己，将花瓣的两个尖向中心折，然后用布艺胶水粘好，就形成了马蹄莲的雏形。

3 加上茎。将花艺铁丝对折，上面穿上6颗小扣子，使小扣子穿到花艺铁丝顶端，然后将花艺铁丝拧紧，之后再穿上4颗小扣子。

4 将花艺铁丝从花瓣中心向下穿，使花瓣向上与扣子重合，扣子要在花朵上面，如同花蕊。

5 将稍大的扣子穿到花朵下部，起到固定茎的作用。

组合成花

成品尺寸：马蹄莲约5.1cm高

6 将剩余的花艺铁丝拧好，如果喜欢也可以用花艺胶带将茎缠一下。

7 重复以上步骤，可以多做一些。

Velvet Succulent

天鹅绒玉露

玉露是一种多肉植物，它的美是不落俗套的，用厚天鹅绒制作玉露更是与众不同，可以将它当作胸针或头花，展示自己的独特风格，也可以做一些形态各异的玉露然后组合成玉露花环（118页）。

（118页）

材料与工具

制作1枝花的材料

1片浅绿色天鹅绒：22.9cm×15.9cm
紫色或洋红色记号笔
1片圆形绿色不织布：直径5.1cm
布艺胶水
绣线
长眼绣花针
热熔胶枪
剪刀

制作过程

1 将天鹅绒剪成5个布条：2条22.9cm×3.8cm，1条22.9cm×3.2cm，2条22.9cm×2.5cm。

2 将1条22.9cm×2.5cm的布条放在一边，做成中心部分，将其他天鹅绒布剪成9片，每片宽2.5cm。

3 将小片布料剪成叶片，如图所示，上面带尖，下部较宽。

组合成花

成品尺寸：直径约9.5cm

4 如果需要，可以用记号笔在叶片边缘画上轮廓线，使其更加立体。

5 将每一片叶片的底部小角向中间折，然后用布艺胶水粘牢，一定要确保露出的大部分叶片是蓬松的一边，而不是光滑的一边。

6 用绣线将叶片沿着圆形不织布固定，从最外圈的大叶片开始。注意叶片要紧凑一些，不要留出空隙。

7 第一层叶片缝好后，再开始缝制另一层，直到将不织布缝满，重复以上步骤，将6片最小的叶片缝好。

8 3层叶片都缝好后，再用布艺胶水在中心位置粘上3片最小的叶片，最后将2.5cm的布条卷好粘在中心位置。

你也可以在玉露背后用热熔胶粘上一个发卡，将其变成漂亮的发卡装饰自己的秀发。制作时也可以在发卡内部和玉露背面各粘上一片圆形不织布，这样发卡看起来会更有质感。

Embroidered Daisy

刺绣雏菊

雏菊是一种能给人带来快乐的花，
因此，无论是制作的过程还是欣赏
它的成品，都是一种美好的享受。
这种花便于携带，在乘公交车或等
车时都可以拿出来刺绣，这样还可
以让周围的人对你的作品投来赞赏
的目光呢。

制作1枝花的材料

4片正方形白色不织布：10.2cm × 10.2cm

1片圆形黄色不织布：直径2.5cm

1长条绿色不织布：5.1cm × 1.3cm

绣线

包布花艺铁丝

花艺胶带

长眼绣花针

热熔胶枪

钳子

剪刀

纸型（125页）

1 参考雏菊纸型，将4片正方形白色不织布剪成花瓣的形状。

2 在绣花针上穿上绣线，参照11页的刺绣针法，在白色花瓣上从中心呈辐射状做2针雏菊绣，然后用同样的刺绣方法给另一片花瓣刺绣，得到2片相同的花瓣。

3 将刺绣过的花瓣放在未刺绣的花瓣上，用回针绣沿2片花瓣的边缘将这2片花瓣缝在一起。用同样的方法，沿花瓣边缘用回针绣将另2片花瓣缝合在一起。

4 在绣花针上穿线，沿圆形黄色不织布四周做平针缝，将步骤1中白色布片上剪下的碎料填充进黄色布包，将线拉紧，打结，将花心用花艺胶带与茎固定在一起。

5 再回到已剪好、刺绣好的花瓣上，在每一片花瓣中间剪开一个小口，将花瓣穿在茎上，稍微整理一下花瓣，使上、下2层的花瓣尖错开。

6 用热熔胶将花艺铁丝粘在花心上，使其正处在2片花瓣的下部，将不织布绕花的基部用花艺胶带包好，以免花朵从茎上滑落，收尾时将另一端粘好即可。

组合成花

成品尺寸：每朵雏菊直径约8.9cm

Prom Nosegay

舞会小花束

自制饰品——或者说差不多所有的手工制作——最大的好处之一就是独一无二。当自己制作出手工艺品时，就不必担心与别人毫无区别了。我高中舞会时就不想拿传统的花束，于是就带了自己制作的小花束（一束小巧但更随性的花束），不织布花朵的与众不同之处就在于它长开不败，因此特别适合在这些特殊场合留下些许回忆。

材料与工具

制作5枝花的材料

5长条不织布：50.8cm×7.6cm

5长条不织布：50.8cm×5.1cm

蜡线

5根20号花艺铁丝

15~20颗漂亮的扣子

5颗扁平扣子

花艺胶带

毛线：自己喜欢的颜色即可

1根装饰珠针

手缝针

热熔胶枪

钳子

剪刀

纸型

制作方法

1 将每条不织布都剪成5.1cm宽的长方形，共10片，每朵花都由两层花瓣组成：底层花瓣为10片7.6cm的布块制成的花瓣，而上层花瓣是由10片5.1cm宽的布块制成。

2 按纸型将长方形布块剪成花瓣，可以随意使用书中的任意一个纸型，也可以自行设计，我使用的是T恤布胸花（124页）和针织布胸花（125页）的纸型：这个作品的绝妙之处就是花瓣的多样性。

组合成花

成品尺寸：每朵花直径约11.4cm，整个花束直径约17.8cm

3 手缝针穿上蜡线，在10片花瓣基部松松地做平针缝。

4 将缝线收紧使花瓣聚拢，然后线上打结，剪断线，留出1.3cm长的线头。

5 重复步骤3、4，制作10片小花瓣，将花瓣聚拢，然后打结固定。

6 把大花瓣放底部，将小花瓣放在上面。

7　将花艺铁丝对折穿上两三颗或更多的漂亮扣子，然后再穿上2朵花。

8　从花下面穿入1颗扁平扣子，使茎更强韧，且花朵不易滑落。

9　将对折的花艺铁丝并在一起，拧紧。

10　重复步骤3~9，用剩下的花瓣制作更多的花朵。

11　等所有的花朵都缝制好并穿在茎上后，选取自己最喜欢的花朵放在花束的正中间，再将其他花朵并在中间花朵的四周，最后用花艺胶带缠好。

12　所有的花朵都缠好后，在茎的下端约2.5cm处用热熔胶粘上毛线，从这里开始将毛线缠在茎上。

13　在茎的上端涂些热熔胶将毛线粘好，用毛线将所有的茎都包裹住，上、下来回缠绕直到花艺胶带被全部遮盖。

14　缠绕结束后用热熔胶将毛线固定在茎的上端，用装饰珠针固定收尾，并可以遮盖热熔胶的痕迹。

Felted Thistles

甜美的蓟

我特别喜欢制作这种短小、甜美的蓟，再把它们插在可爱的花瓶里。可以多做一些单独组成小花束，也可以与其他漂亮的花朵一起配成醒目的大花束。你也可以就花茎和花朵的大小多尝试几次，与其他花朵组合也是不错的。

制作1枝花球的材料

1片绿色羊毛毡：12.7cm × 2.5cm
竹签
淡紫色羊毛纱
皂液
1碗热水
1碗冷水
锯齿花边剪刀
钳子
剪刀
热熔胶枪

▷ 制作方法 ◁

1 用锯齿花边剪刀将2.5cm宽的绿色羊毛毡的一边剪成锯齿形。

2 用锋利的剪刀从羊毛毡锯齿形的"波谷"剪开，做成流苏。

3 将剪好的羊毛毡平铺在桌子上，用锯齿花边剪刀从羊毛毡的另一端距边缘6mm处开始剪，快剪到流苏的地方停下，这样羊毛毡就成为一端是5.1cm的流苏，另一端是锯齿形了。

4 用钳子将竹签剪成15.2cm长。

5 撕下一片淡紫色羊毛纱，要足够大，约一张扑克牌大小。

成品尺寸：花球直径约2.5cm

6 手上抹少许皂液，然后用两只手掌轻轻地将羊毛纱搓成蓬松的小球，让手上的皂液稍微沾到小球上一些。

7 将做好的小球浸入热水，浸湿后继续在手里搓，当小球慢慢成型，再将其浸入冷水使纤维紧缩成型，继续在手中搓。

8 在搓的过程中不断在冷水和热水中交替浸湿，直到小球非常紧实，并且漂去皂液，将小球包在毛巾里吸去水分。

9 将竹签穿入小球的中心，穿入一半时停下，在竹签下部涂些热熔胶固定，热熔胶要擦净，不用担心会露出来，因为后面会用叶子来遮住。

10 将流苏一端距底部约1.9cm处用热熔胶粘好，沿着竹签向下缠绕，最后用一点热熔胶粘好。

11 将叶子绕着茎缠绕，慢慢向上缠到花球的基部，流苏的部分就会绕着花球底部展开。

Silk Poppies

丝绸罂粟花

用丝绸制作花朵非常有趣，因为丝绸易于缝制和染色。这种花的花心呈黑色、花瓣艳红，非常适合别在发间或置于闺房的床头柜上。

材料与工具

制作1枝花的材料

1长条丝绸布：38.1cm×7.6cm
棉球
1片正方形黑色不织布：5.1cm×5.1cm
花艺胶带
2根包布花艺铁丝：各22.9cm
红色织物染料
一碗冷水
钳子
剪刀
纸型（125页）

制作方法

1 将丝绸布剪成6.4cm×7.6cm的布片，依照纸型将每片布片剪成花瓣的形状。

2 制作花心，将棉球一分为二，将一半棉球包入黑色不织布内，将不织布四角内折，拧在一根22.9cm长的花艺铁丝顶端，很像一根棒棒糖，然后用花艺胶带缠好。

3 开始组合花瓣，将每一片花瓣贴在花心上，然后用一小片花艺胶带将花瓣粘牢。继续将花瓣粘上去，共6片，围绕花心顺时针粘牢。

4 用花艺胶带将花朵固定在另一根茎上，为了更加漂亮一致，可以用花艺胶带将茎上下多缠几次。

组合成花

成品尺寸：每朵罂粟花约6.4cm高

5 最后，握住茎将花瓣浸入红色织物染料中，注意观察丝绸布是否吸收所有的染料，可以将花朵旋转一下，以确保花瓣均匀着色。

6 快速漂洗花瓣，将花瓣浸入冷水中，然后将花朵头朝下，挂好晾干。织物染料会使花瓣稍显僵硬，但晾干之后，花朵就会摇曳生姿，栩栩如生。

Embroidered Circle Flowers

刺绣圆形花

这种花可以利用小块不织布制作而成，它既可以作为花束的填充花，也可以单独作为装饰。你还可以试着用花边剪刀在圆形不织布上剪出不同的花形。

材料与工具

制作1枝花的材料

3~4片正方形不织布

绣线

每朵花配1根绿色花艺铁丝：40.6cm

扣子数颗：扁平扣子、装饰扣子

长眼绣花针

钳子

剪刀

制作方法

1　将正方形不织布剪成直径大小不等的圆形，铺在工作台上，把它们以不同颜色分层放在一起，直到呈现出自己喜欢的样子。

2　用自己最喜欢的方式刺绣，或在圆形不织布的边缘刺绣，将不织布与下一层缝合。

3　将绿色花艺铁丝对折，穿进一两颗装饰扣子作为花心，如果用扣子反面的话，可以直接穿入2个扣眼。

4　将花艺铁丝一端穿过刺绣过的圆形不织布，使它处于花艺铁丝顶端，紧挨着扣子。

组合成花

成品尺寸：每朵花直径5.1~6.4cm

5　再在花艺铁丝上穿入1颗扁平扣子，使扣子处于圆形不织布下方，使茎更为稳固。

6　将剩下的花艺铁丝拧紧，完成茎的制作。

几年前，一位新娘曾问我能否制作一束布艺绣球花，我一时语塞。我钟爱真实的绣球花，但却不知如何用布艺把这种蓬松的花呈现出来。我选择丝绸布作为制作材料，是因为丝绸布与绣球花的花瓣有着同样精致的质感，但没想到最终做出来的花会如此漂亮。

Silk Hydrangeas

丝绸绣球花

制作1枝花的材料

1长条白色丝绸布：20.3cm×2.5cm
蜡线
紫色织物染料
1根花艺铁丝：22.9cm
1颗珍珠
长眼绣花针
热熔胶枪
小碟子
钳子
剪刀
纸型（126页）

制作方法

1 将丝绸布剪成2.5cm宽的小片。

2 参照小的绣球花花瓣纸型将丝绸布片剪成花瓣。

3 将绣花针上穿上蜡线。

4 在绣球花瓣基部松松地做平针缝。

5 抽线将花瓣收紧，然后在线的末端打一个结，将线剪断，留一根1.3cm长的线头。

成品尺寸：每朵绣球花直径约4.4cm

6 用1个小碟子盛放紫色织物染料，将花染成紫色，5分钟后轻轻漂洗花瓣，洗过的花瓣将会呈现出漂亮的紫色，并将花瓣自然晾干。

7 在花艺铁丝根部涂一点热熔胶，穿入珍珠，然后再穿入花朵，待热熔胶晾凉，使其固定。

Cotton Carnations
布艺康乃馨

康乃馨是我最喜欢的花，低调却富有装饰感。如果把很多康乃馨放在一起形成大的花束，则会有惊人的效果。

材料与工具

制作1枝花的材料

1长条细棉布：91.4cm×5.1cm
1根包布花艺铁丝：22.9cm
花艺胶带
锯齿花边剪刀
热熔胶枪
钳子

制作方法

1 用锯齿花边剪刀将细棉布的一边剪成锯齿状，剪的过程中使棉布形成波浪花纹，这样使花瓣边缘呈现不规则的美。

2 在波纹布条上剪出"V"形，使花瓣形态各异。

3 将棉布条卷好，随意涂一点热熔胶以保证布卷不松开，卷的过程中使它稍稍打褶，以使花瓣呈现自然的效果。

4 最后用热熔胶将尾部粘牢，让花瓣蓬松做成康乃馨的样子。

组合成花

成品尺寸：康乃馨直径约5.1cm

5 趁着热熔胶余温未消，将包布花艺铁丝穿入花的基部，捏着花瓣等热熔胶变凉，使其固定。

6 用花艺胶带将花的基部缠好，然后继续顺着茎的上、下多缠几次。

争奇斗艳的羊毛毡花束

这个花束可以随意改变，尽情组合，你可以用相同的制作方法
组合花束，也可以与其他花朵组合在一起，也可以随心所欲制作
或大或小的花束。

材料与工具

制作16枝花的材料

羊毛毡：91.4cm长　自己喜欢的颜色
即可

绿色羊毛毡：91.4cm长

棉绣线：自己喜欢的颜色即可

16颗漂亮的扣子

16颗扁平扣子

16根20号花艺铁丝

花艺胶带

象牙色缎带：180m

4根珍珠珠针或4根装饰珠针

绣花针

3mm打孔器

布艺胶水

钳子

剪刀

纸型（127页）

制作方法

1 参照纸型，将羊毛毡剪成32片
大型的花朵。

2 参照纸型，根据自己喜欢的颜
色选取羊毛毡，分别剪出16片
中等花朵，16片小型花朵。

3 参照纸型，用绿色羊毛毡剪
32片叶子，每2片叶子合在一
起，沿着叶子边缘以平针绣
将2片叶子绣在一起，这样就
完成了16片带针脚的叶片。

组合成花

成品尺寸：花束直径约15.2cm

4 将这些花朵组合成自己喜欢的形状，选取2朵大型的花朵作为基础
（我选用2朵而不是1朵是为了让花束更加稳固），然后在上面放上中
等的和小型的花朵，一定要考虑颜色、层次的均衡，想象一下花束制
作完成后的样子。

5 选取1颗扣子作为每朵花的花心。

6　每朵花选取2片与之匹配的叶子，完成设计布局。

7　绣花针上穿1根61cm长的棉绣线，将最上面的3层花朵（最小的花朵、中等的花朵和最下层最大的花朵）用自己最喜欢的刺绣方法制作，所选针法参见11页。

8　将第2朵花最底下的一层加在第1朵花上，将整朵花与第1朵花缝在一起，使花束更加稳固。

9　下一步加上茎，将绿色花艺铁丝对折，在花朵的中间剪出一个小洞。

10　选取自己喜欢的扣子穿在花艺铁丝上，然后再将花艺铁丝穿过花朵中间的小孔。

11　将绿色花艺铁丝穿到缝制好的叶子基部，然后将叶子向上使其处于花朵的下面。

12　在花朵下面再穿上1颗扁平扣子，这样会使茎更加稳固，也可以防止花朵向下滑落。

13　手持花朵，将2根绿色花艺铁丝拧紧，固定花朵。

14　重复步骤7~13，制作剩余的15朵花。

15　当所有花朵都穿在茎上后，选取自己喜欢的3朵花作为花束的中心。

16　将3根茎并在一起，用花艺铁丝从茎的中间向上缠绕，继续将其他的一根一根并上去，然后用花艺胶带缠好。

17　当所有的茎都用花艺胶带缠在一起后，缎带用布艺胶水粘在茎的基部上方2.5cm处，将缎带自然垂下，犹如一条尾巴，这里将会是在茎上缠绕缎带的起点。

18 拉紧缎带，沿茎缠绕，包裹住花艺胶带，上下多缠几次，直到缎带
将茎全部包裹。

19 将缎带末端藏进花束下方，然后用布艺胶水固定，将4根装饰珠针
向下穿过缎带，插入茎。

佩戴用花

Poolside Posy Pin

海滩包饰花

这种硕大的花朵能让一个平常的塑料海滩大提包变得生机盎然，可以遮住包里的游泳衣，也可以在游泳之后别在发间，这种颜色亮丽的防水布即使溅上水也不会走形，因此非常适合制作夏季的饰品。

制作1朵花的材料

1块防水布：40.6cm×3.8cm
1块防水布：40.6cm×5.1cm
1块防水布：40.6cm×6.4cm
蜡线
1颗大的彩色塑料扣子
1个胸针：2.5cm
1根结实的针（防水布非常厚，得用些劲
儿才能穿透）
剪刀
纸型（126页）

制作方法

1 将3块防水布分别剪8片5.1cm
长的布片，再根据大小分类。

2 依照纸型将每一块防水布片都
剪成花瓣的形状，为了避免混
淆，一定要记着将3种尺寸的
布片分开。

3 将拇指放在每片花瓣的中间，
慢慢地将布片从中心向外拉，
形成一个杯状。

4 沿每一片花瓣较窄的地方（基
部）做平针缝，将每片花瓣沿
蜡线收拢。

组合成花

成品尺寸：直径约11.4cm

5 把所有小花瓣上的线抽紧，将线的两端拉紧，使花瓣收拢。

6 重复步骤4、5来做中等和最大的花瓣。

7 将每一层花瓣制作成型，然后使它们向外蓬起。

8 将不同大小的花瓣叠放在一起，最小的花瓣在最上面，然后从中心缝合，将3层花瓣固定在一起。

9 将扣子缝在最小花瓣的中心，如果想让它更精致，也可以用剩下的防水布将扣子包起来。

10 将胸针穿在花的背面，佩戴着它们去享受夏日的欢愉吧。

Soft Pink Rose Boutonniere

淡粉红色玫瑰胸花

布艺花朵可以大胆鲜明，也可以颜色亮丽，但我们必须承认有的时候就是想要一些柔和而漂亮的饰品，玫瑰就是最佳的选择，因为它们有甜美而繁复的花形以及梦幻的花语，如果你想在约会时为自己的服饰增添几分浪漫色彩，那么就佩戴这种胸花吧，当然也可以在大喜之日用它们来装扮伴郎。

制作1朵花的材料

1长条一边带毛边的棉布：57.2cm×7.6cm
1颗球形花蕊
花艺铁丝：20.3cm并将其对折
花艺胶带
毛线：长25.4cm
纽孔珠针
热熔胶枪
剪刀
纸型（125页）

▶ 制作方法

1 将棉布剪成9片7.6cm×6.4cm
的布片，可以将布料对折，在
每个6.4cm处做标记，然后两
片布同时裁剪。

2 依照纸型，将长方形布片剪成
花瓣的形状，将纸型放好，使
花瓣的上部与布料毛边的一边
齐平。

3 开始制作花心，卷起一片花瓣
的底部，将它夹在两指之间，
使花瓣紧挨球形花蕊和对折过
的花艺铁丝。用花艺胶带将它
们缠在一起，这将会成为固定
剩余花瓣的起点。

▶ 组合成花

成品尺寸：直径约9.5cm

4　不停地增加花瓣，用花艺胶带将它们固定。我喜欢捏住花的基部，用拇指压住花艺胶带，一次加上两三片花瓣。

5　茎会因为花艺胶带缠得越来越多而变厚实，一定要在花瓣底部缠结实。将茎向上折叠至底部，用花艺胶带缠好，令花朵变得更牢固。

6　用毛线缠绕茎部的花艺胶带，然后用一点热熔胶固定毛线。

7　最后将它固定在纽孔珠针上，然后别在衣领上。

浓郁的大丽花发卡

有什么理由可以让我们不喜欢这种热情洋溢、色彩浓郁的大丽花呢？作为墨西哥国花的它和雏菊是热带近亲的关系，有了它，你的衣橱里绝对会增加一种流行的色彩，这种布艺大丽花也可以制作成深粉红色、黄色或橘色，都很漂亮，等到下一个节庆的日子可以别在你的云鬓上。

制作1朵花的材料

3长条细棉布：22.9cm×3.8cm
2长条细棉布：22.9cm×3.2cm
2长条细棉布：22.9cm×2.5cm
1片圆形羊毛毡：直径5.1cm
1片羊毛毡（用于将花和发卡粘在一起）
布艺胶水
发卡
剪刀
纸型（124页）

制作方法

1 留1条2.5cm宽的细棉布条制作花心，将剩下的细棉布条剪成9片布片，每片布宽2.5cm。

2 依照纸型将布片剪成不同规格的花瓣，分别叠放在一起，大的布片制作大花瓣，沿描好的轮廓线内侧剪成花瓣，将每个花瓣的边缘向中间折，然后用一点布艺胶水粘牢。可以使用发卡暂时固定一下，直到热熔胶晾干。

3 先制作大的花瓣，将每片花瓣沿圆形羊毛毡的边缘用布艺胶水粘好，注意使花瓣之间紧贴在一起，不留空隙，外面一圈花瓣粘好，继续粘中间的一圈花瓣，然后是最小的花瓣，将每片花瓣都按顺序粘在圆形羊毛毡上。

组合成花

成品尺寸：直径约10.2cm

4 当最后一片花瓣粘好之后，将剩下的2.5cm宽的细棉布条剪成流苏状，卷好，用布艺胶水粘在花的中心。

5 将圆形羊毛毡用布艺胶水粘在发卡上，然后再用布艺胶水在花朵背面粘上发卡。

Ruffled Jersey Flower Pin

褶裥花朵胸针

针织布简洁、舒适，用来做手工很适合，佩戴起来也很随意，同时它还富有弹性，易于缝制，也不需要锁边。佩戴用针织布制作的花朵不仅为自己的休闲T恤增加亮点，而且还可以与其他正式的服装搭配，例如，羊毛或粗花呢材质的衣服。

制作1朵花的材料

1长条针织布：50.8cm×3.8cm
1长条针织布：50.8cm×2.5cm
1片正方形针织布：7.6cm×7.6cm
1片正方形针织布：5.1cm×5.1cm
绣线
1个别针：长2.5cm
长眼绣花针
布艺胶水
剪刀

制作方法

1 沿稍宽的1长条针织布的底边用平针缝松松地缝制，然后慢慢地抽紧缝线，使针织布聚拢，两端线头打结固定，让花朵蓬松，褶子均匀分布。

2 重复步骤1，处理另一长条针织布。

3 将大的正方形针织布剪成圆形，碎布留下备用。

4 在圆形针织布的边缘平针缝，线头留下备用，然后拉紧缝线，将圆形针织布抽拢成小碗状。

5 将留下的碎布塞入小碗状圆形针织布内，把线拉紧，绑好固定成小球。在手里将小球搓一搓使其更加有型。

组合成花

成品尺寸：直径约8.3cm

6 将步骤2制作的花朵放在步骤1制作的花朵上，在两朵花中间缝几针使其固定在一起。

7 将针织布小球缝在褶裥花朵的中心。

8 将小的正方形针织布剪成圆形，粘在别针的背面，再将小圆片粘在花朵的背面。

Jersey Posy Pin

针织布胸花

这种简洁的花朵可以用任何布料来制作。你可以用边角料来制作成花束，也可以搭配一些昂贵的布料制作胸花别在自己的衣服上，既可以作装饰，还不会花费很多，我特别喜欢用针织布制作这些蓬松、休闲的花朵。

◤材料与工具▶

制作1朵花的材料

1长条针织布：76.2cm×7.6cm
1长条针织布：81.3cm×6.4cm
1长条针织布：91.4cm×5.1cm
蜡线
1个别针：长1.9cm
手缝针
剪刀
纸型（125页）

◤组合成花▶

成品尺寸：直径约11.4cm

制作方法

1 将最宽的针织布裁剪成12片大的长方形布片，每片宽6.4cm，将中等宽的针织布裁剪成16片中等大小的长方形布片，每片宽5.1cm，最窄的针织布裁剪成24片最小的长方形布片，每片宽3.8cm，按布片大小分类放好。

2 依照纸型，将每一摞布片分别裁剪成花瓣，这样就得到大、中、小3种花瓣。

3 先从大的花瓣开始制作，将拇指放于每片花瓣的中间，轻轻地将布片从中间向外拉伸，使花瓣微微呈杯状。

4 在每片大花瓣的底部做平针缝，将花瓣聚拢在蜡线上。

5 当所有大的花瓣都做平针缝后，将蜡线的两端拉紧，使花瓣聚拢在一起。

6 重复步骤4、5来处理中等大小和最小的花瓣。

7 按照步骤3的方法使每一片花瓣成型，然后稍稍使花瓣蓬松一点。

8 依次将大、中、小3种花摞在一起，将最小的花放在最上面，从花的中间缝针固定。

9 在花的背面别上别针，完成花朵的制作。

金盏花毛衣别针

在金盏花旁边制作一只小小的蜜蜂，不仅可以使开衫不至于太敞开，同时也有了可爱的装饰效果，会令人眼前一亮，感受到佩戴者的娇俏可爱。

制作1朵花和1只蜜蜂的材料

1片黄色不织布：25.4cm×1.3cm

1片黄色圆形不织布：直径 2.5cm

2片正方形黄色不织布：3.8cm×3.8cm

1小片白色不织布

白色绣线

黑色绣线

4个金属环

1条金属链：长17.8cm

1条金属链：长22.9cm

2个金属夹，尾部有洞

1个别针

尖嘴钳

长眼绣花针

剪刀

热熔胶枪

纸型（124页）

制作方法

1 用尖嘴钳将其中一个金属环轻轻地打开，将17.8cm长的金属链的一端连在金属环上，另一端连在金属夹的小洞里。重复上面的方法来处理22.9cm长的金属链，将金属链的末端连在金属夹尾部的洞里。再将2条金属链摆好，免得佩戴时扭在一起（你可以在当地的手工店买毛衣链，也可以从自己的首饰盒里寻找合适的，或者去礼品店里买）。

组合成花

成品尺寸：蜜蜂直径约2.5cm，花朵直径约4.4cm

2 将黄色不织布剪成边长1.3cm的正方形布块，共20块，依照金盏花纸型，沿着轮廓小心地剪出花瓣。

3 绣花针上穿45.7cm长的白色绣线（在图中我用的是红白相间的线），开始将花瓣缝制在圆形花基上，第一片花瓣的边缘向中间折，然后缝在黄色圆形不织布的外围，此步骤需要多试几次，因为花瓣太小，一旦掌握，进展就非常快了。将每片花瓣都围绕圆形不织布缝好，注意花瓣与花瓣之间要紧挨着，不留空隙。

4 继续将花瓣往里层缝，直到把圆形不织布中间填满，最里面的花瓣会稍稍翘起，形成花心。

5 下一步制作可爱的小蜜蜂，在2片正方形黄色不织布上描摹蜜蜂的身体纸型，然后沿轮廓线内侧剪下，用结实的黑色绣线做锁链绣，形成蜜蜂身体上的黑条，针脚要从蜜蜂身体向下四分之一处开始，上面留出空隙作为蜜蜂的头部，然后在头部做法式结粒绣作为眼睛。

6 依照纸型，用1小片白色不织布制作蜜蜂翅膀，剪好形状后，用白色绣线将翅膀缝在蜜蜂的背上。

7 用热熔胶将金盏花和蜜蜂固定在别针上，然后用别针将其别在自己喜欢的开衫上，一定会好评如潮的。

Pleated Felt Headband

百褶发带

在我居住的英国中西部，像图中这种宽度的发带可以在我冒着严寒穿越街市时给耳朵保暖，也可以让乱蓬蓬的头发变得柔顺。我喜欢制作这种单色的发带，不过有时也尝试加上其他色彩，甚至多配上一朵花，让这个简单的手工制品呈现出完全不同的姿态。

制作1朵花和1条发带的材料

1长条不织布：137.2cm×7.6cm
1长条不织布：91.4cm×5.1cm
2片圆形不织布：直径2.5cm
1片小不织布：7.6cm×0.6cm
1股绣线
丝光棉线
黑色松紧带：宽5.1cm、长10.2~15.2cm
1个条形胸针：长2.5cm
珠针
画粉
熨斗
长眼绣花针
剪刀
热熔胶枪
纸型（126页）

组合成花

成品尺寸：花朵直径约8.9cm

制作方法

1 用画粉在最宽的不织布上每隔2.5cm画一道，参照画粉的痕迹将不织布折起来，用珠针固定，继续折，直到整条不织布都折完，然后用熨斗熨烫使褶裥定型。

2 针上穿47.5cm长的绣线，在褶裥的中间用回针缝缝2条线，用锁链绣或平针绣也可以，不过必须保证每个褶裥上都缝上，以使它们完全固定。

3 将发带套在头上试一下，看需要多少松紧带，然后用热熔胶小心地将松紧带两端粘在发带两端的内侧，使其成环形。

4 将91.4cm×5.1cm的不织布裁剪成3.8cm宽的长方形，共24

片，依照纸型，沿轮廓线内侧将布片剪成花瓣的形状。

5 针上穿47.5cm长的丝光棉线，然后将每一个花瓣边缘向中心折起，将它缝在圆形不织布的外侧边缘，之后继续将花瓣折起，沿不织布的外侧边缘，顺时针将它们缝在圆片上固定，第一层结束后继续缝下一层直到将圆形不织布上全部缝满花

瓣。

6 将7.6cm×0.6cm的小不织布剪成细细的流苏，然后卷起，用热熔胶粘在花朵的中心。

7 在第2个圆形不织布上，剪2个2.5cm宽的开口，将条形胸针打开，穿入2个开口，这样胸针的背面就被圆片遮住了，将胸针扣上，然后用热熔胶将圆

形不织布粘在花朵的背面。

8 将花朵别在发带上后，戴在头上，再配上短大衣，在温暖双耳的同时，也装点了自己的秀发。

Ruffled Felt Prize Ribbon

百褶颁奖胸花

这种小巧的胸花简直就是我幼时幻想在领奖时佩戴的那朵，比如幻想因为制作的兔子充满想象力而得奖时，或者是得了根本就不存在的赛马冠军时。一旦学会了如何将一块布制成蓬松的花，你就能用这些丝带，再搭配其他任何布料、配件制作成胸花了。这种胸花很适合用于生日聚会或者是婚礼前的单身聚会上，也可以直接别在包上，展示自己的独一无二。

制作1朵花的材料

1长条不织布：91.4cm × 2.5cm

1片圆形不织布：直径5.1cm

绣线

扣子

宽丝带（我喜欢用5.1cm或更宽的丝带）

1个条形胸针：长2.5cm

长眼绣花针

打火机

剪刀

热熔胶枪

组合成花

成品尺寸：直径约7.6cm

制作方法

1　针上穿上绣线，首先将长条不织布制成花朵。每隔1.3cm打一个褶，再将长条不织布的下端缝在一起，形成褶裥。我喜欢用绣线缝，因为绣线的颜色与花朵形成鲜明的对比，使它看起来更为漂亮，这也算是一个小小的乐趣。

2　在逐个打褶并缝制的过程中，不织布布条会自动卷曲向上翘起，这是最好的效果。

3 将不织布卷成直径约7.6cm的圆形，在末端缝上几针固定好。

4 将扣子缝在花朵的中心，就可以了。

5 剪一段10.2cm长的宽丝带，我喜欢在丝带末端剪出"V"形，然后用打火机轻燎边缘进行封边，防止丝带跑线。将丝带用热熔胶粘在花朵的背面，使丝带末端稍微露出一些，就像一个颁奖绶带一样。

6 在圆形不织布片上剪出2个2.5cm宽的小孔，将胸针打开，穿入2个小孔，这样胸针的背面就被圆片遮住了，然后将胸针扣上，用热熔胶将圆形不织布粘在花朵的背面。

在花下多加几层丝带会使胸针呈现出不同的样式，也可以用不同的扣子来制作花心。

Dairy Hairpins

雏菊发夹

这世界上还有什么比雏菊更富有生机的吗？这种令人心情愉悦的小花粘在普通的发夹上，别在发间，所到之处，无不带去春的气息。这个手工作品只需一些简单技巧就可以做好。你也可以多做一些插在发辫上，形成美丽的雏菊花冠。

制作1朵花的材料

3片正方形白色平纹布：3.8cm×3.8cm
织物硬化剂
黄色扣子
黄色绣线
发夹
熨斗
长眼绣花针
剪刀
热熔胶枪

制作方法

1 在平纹布上喷织物硬化剂，然后晾干。

2 将平纹布折叠成制作雪花剪纸的样子：将正方形布片沿对角线对折，形成1个三角形，然后再对折，使尖角重合，再将尖角折在一起。

3 将三角形熨烫至坚硬，形成雏菊花瓣的褶皱。

4 在三角形的上端剪1个深V形，如果不确定自己折叠的布和剪的口子是否平行，那就先在废布上或纸上多试几次。

5 将布打开呈现出星形，用其他的平纹布方片重复制作花瓣。

6 将三层花叠放在一起，将花瓣相互错开，这样花瓣的尖端就不会重叠了。

成品尺寸：每朵雏菊直径约3.8cm

7 将黄色扣子放在花朵的中心，然后用黄色绣线缝合固定。

8 将发夹用热熔胶粘在雏菊花朵的背面。

Cotton Lawn Peony Pin

娇艳的牡丹胸花

牡丹花瓣看起来十分精致，但其实用这种细棉布做成的花瓣是由蜡线结实地固定着的，这是有史以来我最喜欢的作品之一，中间的花蕊可以是新做的，也可以是旧物改造，甚至可以手工制作。你也可以用不同的布料来制作这款花，甚至还可以给它加上叶子。

材料与工具

制作1朵花的材料

1长条细棉布：91.4cm×7.6cm
1长条细棉布：91.4cm×5.1cm
1长条细棉布：50.8cm×3.8cm
1片圆形羊毛毡：直径5.1cm
蜡线
织物染料：比使用的布料颜色要深些
8个仿真花蕊
1个条形胸针：长2.5cm
手缝针
1碗冷水
1小玻璃碗热水
热熔胶枪
剪刀
纸型（127页）

制作方法

1　将91.4cm×7.6cm的细棉布剪成18片长方形布片，每片宽5.1cm，依照大的花瓣纸型将每片布沿轮廓线内边剪成花瓣，我喜欢把三四片布片叠放在一起剪。

组合成花

成品尺寸：直径约14cm

2 将91.4cm×5.1cm的细棉布以同样方法，剪成36片中等大小的长方形布片，每片宽2.5cm；将50.8cm×3.8cm的细棉布以同样方法，剪成20片小的长方形布片，每片宽2.5cm，将所有的布片按大小分为两摞，每摞分别依照花瓣纸型沿轮廓线内边剪成花瓣，将几片布叠放在一起剪是非常聪明的办法。

3 针上穿45.7cm长的蜡线，在大花瓣的底部松松地平针缝，所有的花瓣都穿在线上后，将线头两端拉紧，打方结，将线剪断，留出1.3cm长的线头，稍微整理一下花瓣，让它们上翘。以同样的方法分别处理中等大小的花瓣和小花瓣，将它们都穿在线上，然后绑紧。

4 在1个小玻璃碗里装半碗热水，放入一点织物染料（一点染料就能化开很多），这是给布料稍稍着色，而不是完全染色。

5 捏住大花瓣的上端，将花朵的底部在染料中蘸一下，使其三分之一着色，花朵染色后用冷水轻轻漂洗（这样会洗去大部分颜色，只留下淡淡的一抹颜色），将花头朝下，放在报纸上晾干。用同样的方法，处理中等大小和小的花朵，将花朵的底部在染料中蘸一下，然后在冷水里轻轻漂洗。待花朵晾干，再进行下一步，如果想要加快速度，也可以用吹风机吹干。

6 将最大的花放在下面，使大、中、小3种花叠放在一起，将仿真花蕊的花艺铁丝穿在花朵中心，然后将花艺铁丝折在花下，涂一点热熔胶，将花蕊的茎粘在牡丹下面。

7 在圆形羊毛毡上剪出2个2.5cm宽的小孔，将胸针打开，穿入2个小孔，这样胸针的背面就被圆片遮住了，将胸针扣上，然后用热熔胶在花的背面粘上圆形羊毛毡。

Carnation Lapel Pin

康乃馨胸花

康乃馨蓬松、低调，在寒冷的花市上傲然挺立，在我从事花束制作这么多年里，我已经深深爱上了它简洁的美丽。仔细看看这种花，你会发现它扇形羽状的花瓣是如此繁复，有着惊艳的美丽。浅色的花让它更显甜美，而带花纹的碎布也可以让普通的花变得醒目而与众不同。

制作1朵花的材料

1条细棉纱：30.5cm×7.6cm

线

紫红色织物染料

1根绿色花艺铁丝：长15.2cm

花艺胶带

珠针

手缝针

1个小玻璃碗

剪刀

制作方法

1 将细棉纱的一边剪出小口，然后撕开形成毛边。

2 在毛边上随意剪出V形牙口，形成精致的花瓣。

3 如图所示做平针缝，然后将花瓣聚拢，每隔7.6~10.2cm缝1针固定。

4 继续收紧边缘的平针缝使花瓣卷在一起。

5 花瓣完成后，将卷好的花瓣缝几针固定，然后让其上部蓬松形成康乃馨的样子，修剪毛边上的线。

组合成花

成品尺寸：康乃馨直径约6.4cm

6 在小玻璃碗里加入一点紫红色织物染料，将花瓣的上部蘸上染料，然后放置一边晾干（也可用吹风机吹干）。

7 将绿色花艺铁丝对折，轻轻地将其末端穿入康乃馨的中心，注意不要使花瓣松开。

8 从下部开始用花艺胶带包裹花艺铁丝，在沿茎向上缠绕时，将康乃馨的底部与茎缠在一起固定。

9 将茎的末端卷曲，然后用珠针别在衣服上。

这种简约的花朵作为秀丽的胸花，可以别在伴郎身上，或者将3枝康乃馨缠在一起制作出更具表现力的胸花。

Pom Fascinator

蓬蓬花头饰

只需花半个小时，你就可以制作出这种引人注目的头饰了，把它作为应急的礼物送给别人或临时参加聚会用以装扮自己，以避免常规饰品的平庸。

材料与工具

制作1朵花的材料

1长条不织布：270cm×2.5cm
1片圆形不织布：直径7.6cm
1个条形发夹：长5.1cm
布艺胶水
剪刀

制作方法

1 用剪刀将长条不织布剪成流苏状，流苏差不多剪到布条根部（千万别剪断），流苏宽约0.6cm，把不织布对折，2层一起剪比较容易，如果你不喜欢这样做，单片剪也不会花很多时间。

2 将剪好的不织布布条卷起来，将花朵基部用布艺胶水粘起来，这样花朵就成型了。

3 确保圆形不织布与花朵大小匹配，如果布片太大，可以进行修剪。

4 将圆形不织布与花朵基部用布艺胶水粘起来，可以用缝合的方法或用布艺胶水将花朵与条形发夹固定在一起。现在就可以将这朵美丽的花以最美的角度佩戴在发间了。

组合成花

成品尺寸：直径约12cm

T恤布胸花

可以将这种用T恤布制作花朵的技艺应用在任何其他花朵的制作上，
创作出一整束花，看见它就会想起自己最钟爱的音乐会了。

制作1朵花的材料

1件自己喜爱的旧针织T恤
蜡线
1个胸针：长1.9cm
手缝针
剪刀
纸型（124页）

制作方法

1 将T恤剪出30片5.1cm×7.6cm的长方形布块，可以多剪一些带图案的部分，这样做出来的花朵会更好看。

2 依照纸型将每一片布片都剪成花瓣。

3 在针上穿45.7cm长的蜡线，沿花瓣底部松松地平针缝，将花瓣都穿在线上，最后打1个平结，剪断线，留出1.3cm长的线头，将花瓣弄蓬松一点，使其更有质感。

4 从T恤上剪下1片直径为5.1cm的圆片，在边缘平针缝，将线头轻轻拉紧，使布片收紧呈杯状。

5 填入一些碎布，然后继续收拢线，将圆片聚拢成小球，将线的末端打结，然后将小球在手里搓一搓，形成花心。

组合成花

成品尺寸：直径约9.5cm

6 将小球缝在花的中心。

7 在花朵的背面别上胸针。

Cherry Blossom Lapel Pin

樱花胸针

长久以来樱花之美总能带给人惊喜，它飘逸甜美，作为装饰，比大丽花或雏菊更令人惊喜，可以多试几次，看看什么大小的花瓣更适合自己，也可以将数朵花并在一起，展现出樱花的自然之美。

制作2枝花的材料

2片淡粉色细棉纱：7.6cm×7.6cm

2片绿色细棉纱：7.6cm×7.6cm

织物硬化剂

花艺胶带

10个仿真花蕊

2根22号绿色花艺铁丝：15.2cm

细珠针

1.6mm打孔器

剪刀

热熔胶枪

钳子

纸型（124页）

制作方法

1 将布料浸入织物硬化剂中，然后拿出晾干，如果不想等太久，可以用吹风机吹干。

2 按照樱花纸型将淡粉色细棉纱剪成花瓣的形状，再按照花萼纸型将绿色细棉纱剪成花萼。剪的时候要小心，免得布片跑边。

3 用打孔器在每片花瓣和花萼的中心打孔。

4 用花艺胶带将5个仿真花蕊固定在花艺铁丝一端，将花艺铁丝穿过花瓣的中心，直到花瓣处于花心的下面，然后再在花艺铁丝上穿上绿色的花萼，使花萼处于花瓣的下方，在花萼中间稍涂一点热熔胶，粘好花萼与花瓣，将两层布与茎固定，用同样的方法，将花蕊和另一根花艺铁丝以及剩余的花瓣与花萼制作成另一枝樱花。

组合成花

成品尺寸：每朵花直径约5.1cm

5 在每一个茎上缠绕花艺胶带直至花萼处，将2枝花并在一起，用花艺胶带固定，然后用细珠针将花别在衬衣或夹克上。

Sunflower Pin

向日葵胸花

一旦掌握了法式结粒绣的刺绣方法，就可以用这种刺绣技艺制作葵花籽的部分，也可以用这种方法给其他手工制品增加华丽感，在这里我喜欢用法式结粒绣来使花朵更加别致，引人注目，因为它可以使这种不织布花看起来更加明快，栩栩如生。

制作1朵花的材料

8长条黄色不织布：30.5cm×2.5cm

2片正方形棕色不织布：7.6cm×7.6cm

蜡线

棕色绣线

1个胸针：长2.5cm

熨斗

长眼绣花针

锯齿花边剪刀

剪刀

布艺胶水

纸型（126页）

制作方法

1 将每一个长条不织布都剪成4片长为7.6cm的布片，共32片长方形不织布。

2 依照向日葵花瓣的纸型，将每一片长方形布片剪成花瓣，对折后用熨斗熨烫。

3 用锯齿花边剪刀将1片正方形棕色不织布剪成圆形。

4 在16片花瓣基部松松地平针缝，然后将花瓣穿在线上，将线两端以平结绑在一起，将1片圆形棕色不织布缝在第1层花瓣背面。

組合成花

成品尺寸：直径约15.2cm

5 将另一片正方形棕色不织布也剪成圆形。

6 重复步骤4来制作剩余的16片花瓣，将另一片圆形不织布用平针缝缝在这16片花瓣前面。

7 针上穿30.5cm长的棕色绣线，在向日葵中心穿过花瓣及圆片做法式结粒绣，作为漂亮的花心。

8 用布艺胶水将2层花粘在一起。

9 将胸针用布艺胶水粘在向日葵的背面。

Crowning Glory Headband

花冠发箍

我最喜欢的就是这种流行的花冠发箍，把它们戴在高耸的发式上，特别漂亮。也可以戴在小姑娘的头上，使她们看起来甜美可爱。一旦掌握了这种制作技巧，你就可以举一反三，用不同的花式、不同的色彩或不同的布料来制作不同风格的发卡。

制作1个发卡的材料

7长条不织布，色彩随意：30.5cm×3.8cm

2长条不织布，色彩随意：30.5cm×2.5cm

1长条绿色不织布：45.7cm×5.1cm

9个或更多的仿真花蕊

发箍

毛线270cm

热熔胶枪

剪刀

纸型（126页）

制作方法

1 这个发卡上有7朵大玫瑰和2朵小玫瑰。将3.8cm宽的不织布条裁剪成12片布片，为2.5cm×3.8cm，依照纸型将每片不织布都剪成花瓣。

2 首先制作花心。在花瓣基部涂一点热熔胶，将它包在另一片或更多花瓣上，如果你喜欢，也可以包在仿真花蕊上。用手捏一会儿使其固定在茎上，从这里开始添加其他花瓣。

3 用同样的方法加上另一片花瓣，使其处在花蕊的对面。继续顺时针绕着花瓣的基部添加花瓣，每添1片都涂些热熔胶，直到第1朵花的12片花瓣都粘上去。

4 将第1朵花放在一边，可以稍作欣赏，重复步骤1~3，用3.8cm宽的布条制作剩余的6朵花。

组合成花

成品尺寸：整个花冠约20.3cm长

5 重复步骤1~3，用2.5cm宽的布条制作。这次要把布条剪成12片2.5cm×2.5cm的布片，我参照的是尖头的和平头的两种花瓣纸型。

6 将发箍用毛线缠好，方法非常简单，但是还是有诀窍的。最简单的方法就是将毛线剪成两半，分两步缠绕发箍，因为用1根长毛线缠绕太麻烦了，用一点热熔胶将毛线固定在发箍下面，然后开始缠绕，缠完之后再用一点热熔胶将另一端粘好，热熔胶要涂在发箍下面，以免外露。也可以直接买已经缠好的发箍。

7 将花朵弄蓬松一些，然后把它们组合在发箍上，从发箍中间开始随个人喜好安排花朵的顺序。

8 将第1朵花上的花蕊缠绕在发箍中间，注意将茎藏在发箍下面，然后开始组合中间的花朵，以同样的方法将每一朵花组合上，一定要把花蕊的茎藏在发箍下面，但不用担心它太突出，因为下一步我们就会将它遮住。

9 将绿色不织布剪成18片2.5cm×5.1cm的布片，依照126页叶子纸型，将每片布都剪成叶子的形状，涂上一点热熔胶，将叶子固定在发箍下面，这样一来，茎就被遮住了，不再显得凌乱。

戴上这种鲜艳的花冠，你是不是就成了烂漫的花中皇后了呢？

刺绣花式胸针

Embroidered Felt Flower Pin

对我而言，制作这种花最快乐的事就是可以无限的组合色彩。我喜欢剪出尽量多的布片来做出四五种花形，然后不辞辛苦地将这些不织布布片叠放在一起以得到出其不意的色彩效果。这种花作为礼物送人很棒，仿古扣子也让这种花更具神韵。无论什么场合，这种刺绣花式胸针总能在我的冬季短大衣上找到适合的位置。

材料与工具

制作1朵花的材料

6片正方形羊毛毡: 7.6cm×7.6cm
棉绣线: 自己喜欢的颜色即可
1颗漂亮的扣子
1个别针: 长2.5cm
绣花针
剪刀
纸型（127页）

制作方法

1 依照纸型，把正方形羊毛毡剪出2片大花瓣、1片中等大小的花瓣、1片较小的花瓣，然后再照着叶子纸型剪出2片叶子。

2 针上穿61cm长的棉绣线，将2片叶子叠放在一起，在叶子四周平针缝，当然也可以用其他针法将2片叶子缝在一起。

3 用自己喜欢的刺绣方法将3层花缝在一起，最下层的花不缝。

4 将缝好的叶子插进缝好的花瓣和没缝的花瓣之间，最后在花的边缘缝合固定。最后在背面加缝花瓣会使整个花朵变得更结实坚固。

组合成花

成品尺寸: 直径约7.6cm

5 用喜欢的棉绣线将扣子缝在花朵中心。

6 将别针缝在花朵的背面，完成作品。

Felt Dahlia Pin

大丽花胸针

这种花简单随意，戴在身上就可以出门。如果你在等公交、候机或候诊的时候，需要做点什么来打发时间，那么这朵大丽花非常适合（再也不需要打开手机玩迷宫游戏了），用零碎的等待时间换来这些可爱的大丽花来装点自己吧。

▷ 材料与工具 ◁

制作1朵花的材料

1长条不织布：91.4cm×2.5cm
1长条不织布：45.7cm×2.5cm
1片正方形不织布：5.1cm×5.1cm
丝光棉线
1颗纽扣（要精致一些的）
1个别针：2.5cm
绣花针
剪刀

如果家里没有不织布，那么也可以使用手工商店里售卖的不织布，大小与上述规格相同，如果裁剪的过程中花瓣有大有小，最好先从大花瓣开始制作，把小的花瓣用来制作花朵中间的部分，花瓣不规则是常有的事，不过正是这种不完美才可以成就花朵的无穷魅力。

▷ 组合成花 ◁

成品尺寸：直径约10.2cm

▷ 制作方法 ◁

1 将91.4cm×2.5cm的不织布对折，裁剪出24片大的长方形布片，宽为3.8cm，在每片长方形布片上都剪出一个U形，这些就是你即将制作的花瓣，即使剪出来的布片不规则也没关系，不过你要是个完美主义者，那就多花些时间好了。另一条不织布也以同样的方法处理，剪出18片小布片，每片布片宽为2.5cm。

2 将正方形不织布剪成圆形，尽量沿着外沿裁剪，这样就不浪费布料了。

3 针上穿丝光棉线，在圆片上9点钟的位置缝上第1片大花瓣，在花瓣中间缝合固定。

4 大花瓣的一半都固定在圆片上，另一半则要松松的，因此上面只缝1针。下一步为了使花朵多些立体感，要将没缝针的一半花瓣折叠，形成小的褶裥。将折起的一半花瓣缝在花基上固定，如果需要，可以看组合图，这样会更生动些。

5 顺时针方向沿着圆片周围固定花瓣，下一片大花瓣要挨着褶裥花瓣，将花的基部稍稍缝合固定，另一边折叠一下使花瓣更有立体感，然后将折叠部分缝合固定，继续按顺时针方向将更多的花瓣固定，直到第1圈花瓣完成。看起来真漂亮呀！

6 下一层花瓣要将边缘内折倒向花心，手里拿着折好的花瓣，将花瓣放到合适位置，然后缝合固定，继续按顺时针方向将折好的花瓣固定在圆片上，直到这一层花瓣做好。现在花朵看起来已经比较蓬松了。

7 按照步骤6的方法继续折花瓣，直到小花瓣将圆片中心填满。

8 将扣子缝在花朵中心。

9 将别针缝在花朵的背面，制作完成！

Thistle Boutonniere

蓟花束领针

我总觉得蓟这种花非常坚韧，它们顽强挺立，充满生机，因此这种高贵的花非常适合制作绅士、淑女佩戴的领针。

制作1个花束领针的材料

1片绿色羊毛毡：12.7cm×2.5cm
1根竹签
紫色羊毛纱
灰色羊毛纱
皂液
1根18号包布花艺铁丝：7.6cm
2片仿真叶子
花艺胶带
包装用麻绳
珠针
锯齿花边剪刀
钳子
1碗热水
1碗凉水
热熔胶枪

组合成花

成品尺寸：每朵花直径约1.9cm

制作方法

1 用锯齿花边剪刀将2.5cm宽的绿色羊毛毡的一边剪成波浪形。

2 用钳子将竹签剪成7.6cm长。

3 撕下1片紫色羊毛纱，要足够大，约一张扑克牌大小。

4 手上抹少许皂液，然后用两只手掌轻轻地将紫色羊毛纱搓成蓬松的小球，让手上的皂液稍微沾到小球上一些。

5 将做好的小球浸入热水，浸湿后继续在手里搓，当小球慢慢成型，再将其浸入冷水使纤维紧缩成型，继续在手中搓。

6 在搓的过程中不断在冷水和热水中交替，直到小球非常紧实，并漂去皂液，最后将小球包在毛巾里吸干水分。

7 将竹签穿入小球的中心，穿入一半时停下，在茎下部涂些热熔胶固定，热熔胶要擦净，但不用担心会露出来，因为后面会用叶子遮住。

8 将绿色羊毛毡在距花基约1.9cm处用热熔胶粘好，然后沿着竹签缠绕，最后用热熔胶粘好。

9 撕下1小片灰色羊毛纱，要比之前紫色羊毛纱稍小一些，用同样的方法，做1个小一点的球。

10 将包布花艺铁丝穿入灰色的小球，差不多在将要穿透时停下。

11 将茎、灰色的小球及叶子并在一起，用花艺胶带将它们缠在一起。

12 用包装用麻绳缠绕花艺铁丝，然后用一点热熔胶将花艺铁丝固定在别针背面。

13 将花束别在领子上，制作完成。

家居配饰
Burlap Hanging Flower
粗麻布花球

这种巨大的蓬蓬花在许多场合看起来都棒极了，比如说用在朴素的乡村婚礼现场或者是吊在室内高高的天花板上。任何僵硬、易于熨烫的材料都可以用这种办法来制作此花球，不过我更喜欢将粗麻布这种朴实不起眼的布料升华成漂亮而特别的工艺品。

材料与工具

制作1朵花球的材料

100片正方形粗麻布：15.2cm×15.2cm

1个保利龙球：直径12.7cm

丝带：30.5cm

熨斗

大头针

波浪花边剪刀

热熔胶枪

制作方法

1 像制作雪花剪纸一样，将粗麻布折叠：沿粗麻布的对角线将正方形折成三角形，然后再两角对折，之后再两角对折1次。

2 将三角形用熨斗熨出1条缝，布片上要有许多褶皱，这样才会使后面制作的蓬蓬花球更大。

3 当粗麻布仍处于折叠状态时，在未打褶的一边上，剪出波浪形，使它们看起来像雪片，然后用同样的方法处理其他的正方形粗麻布。爱上这种粗麻布吧！让自己成为钟爱制作麻布雪花的人吧！再放点音乐，你会沉浸其中的。

组合成花

成品尺寸：直径约25.4cm

4 将1根大头针插入花朵褶皱的中心，在大头针的针头上涂一点热熔胶，然后将大头针插入保利龙球，使花瓣固定在球的表面。

5 将另一片花瓣与第1片花瓣紧挨着，使它们相互支撑（这就是需要准备许多花瓣的原因）。在保利龙球的表面固定上更多的花瓣，直到球的表面被柔软的花瓣填满。

6 将丝带对折，形成1个环，将其一端用大头针钉在花球上，然后就可以吊起来了。

其实你可以用任何花朵来制作这种花球，保利龙球做中心非常结实，而大头针也使得花球的组合非常容易，金色的绒花（21页）或娇艳的不织布花朵（26页）都适合做这种花球，因为它们简单易做，又能快速完成。不过如果你想要接受挑战，就可以用刺绣圆形花（44页）来做这种花球，你的作品一定会让身边的人都瞠目结舌的。

Embroidered Felt Flower Pillow

刺绣花朵靠枕

制作一个简易的靠枕，是一件彰显个性同时又为你的家居增添品位的事情，无论是设计、创作，还是使用它们都是一样充满乐趣的，这种蓬松的靠枕上装饰的花朵可以用碎羊毛毡或做其他手工艺品时剩下的布料来完成，所以这个手工艺品不仅可以让你尽情发挥自己的才华，而且还可以有创意地进行色彩的组合。

制作1个靠枕和9朵花的材料

1片2mm厚的羊毛毡或混纺毛毡：38.1cm×73.7cm

1个正方形枕芯：边长35.6cm最后能被包住

4颗装饰扣子

棉绣线：自己喜欢的颜色即可

27片正方形羊毛毡：7.6cm×7.6cm

大头针

长眼绣花针

手缝针

剪刀

记号笔

纸型（127页）

制作方法

1 将宽38.1cm的混纺毛毡沿长边对折，将靠枕放在中央使靠枕的中心与折边对齐，用大头针将混纺毛毡的四边固定。

2 将4颗装饰扣子沿折边摆放好，然后用棉绣线和长眼绣花针将它们固定。

3 将靠枕两边手工缝合，形成靠枕下端翻盖。

组合完成

成品尺寸：每朵花直径约6.4cm
靠枕边长约35.6cm

4 将混纺毛毡的上边缘向下折到扣子的位置，用记号笔标出扣眼的位置，在上面剪出1.9cm宽的扣眼。

5 用正方形混纺毛毡，依照花朵纸型剪出9片大花瓣，9片中等花瓣和9片小花瓣，这也是利用碎布的好机会，你可以用小碎布制作这些花瓣。

6 将花瓣分三层叠放在一起，用自己最喜欢的刺绣针法，将它们绣在一起。

7 最后将这9朵花分别缝在靠枕的正面，装入枕芯，扣上扣子，然后就可以把你的劳动成果放在椅子上或床上欣赏了。当然也可以随身携带四处炫耀了。

Cherry Blossom Push Pins

樱花图钉

樱花虽然美丽，但是花期短暂，不过我们可以用布艺使樱花长久绽放。用不织布制作这种特别的樱花就可以让它永远保持美丽，再也不用担心芳华逝去，无论是拿它们做装饰，或者制作花束都有出其不意的效果。

制作1朵花的材料

1片不织布：12.7cm×2.5cm
蜡线
3个仿真花蕊
手缝针
热熔胶枪
图钉
剪刀
纸型（126页）

制作方法

1 将不织布剪成5个2.5cm×2.5cm的正方形。

2 依照纸型将每一片不织布都剪成樱花的花瓣，你可以很容易就认出这种花，在每一片花瓣上都剪出1个弧线，使花瓣顶端出现1个尖，在每片花瓣的尖上剪出V形，剪得不规则也没关系，毕竟真花也不是一模一样的。

3 针上穿1根蜡线，在每片花瓣底部做平针缝，留出7.6cm长的线头，将花瓣撸至线的一端。

4 当所有的花瓣都做平针缝后，将线的两端打1个简单的结，别让花瓣完全闭合。

5 在聚拢的花瓣中间插入3个仿真花蕊，插好后，就将线拉紧，使花瓣闭合。

组合完成

成品尺寸：每朵花直径约5.1cm

6 下一步将花蕊调整至合适的长度，从花瓣下部将多余的花蕊剪掉，在花瓣下方涂一点热熔胶，将花蕊粘牢。我喜欢在花的下部用一小片不织布将花蕊的线遮住，使它们看起来更整洁，趁着热熔胶还热的时候，将布片固定，然后捏住花朵，捏一会儿使其固定。

7 用热熔胶将樱花背面粘在图钉头上，等热熔胶晾凉，就完成了。它们在软木板上看起来真是漂亮极了。

Chiffon Flower Fairy Lights
梦幻灯饰

还记得21页制作的金色的绒花吗？它们如此简单却又如此美丽，这里所讲的正是之前所学的流苏花朵的另一个版本，只不过材料与先前不同，这种柔软、可爱的雪纺绸正是制作这种花朵的绝佳材料，与一串梦幻彩灯搭配，更有绝佳的装饰效果，用在婚礼上，很有传统风情，还可以装饰卧室，带来浪漫的感觉。

▶ 材料与工具 ◀

制作50朵花的材料
50长条雪纺绸：30.5cm×2.5cm，只需要剪、撕，有毛边会更有效果
150个仿真花蕊
1串50个室内纯色灯
低温热熔胶
剪刀

▶ 制作过程 ◀

1 每一片雪纺绸都剪成流苏状，流苏宽1.3cm，尽量向下剪，但不要剪断，如果将布料叠放在一起去剪的话会很省时间。

2 将3个仿真花蕊用热熔胶粘在第一个灯泡的塑料基座周围。

3 取1片流苏布条，用热熔胶将其粘在灯泡基座上，注意别将热熔胶涂在灯泡上。

▶ 组合完成

成品尺寸：每朵花直径约5.1cm

4 将雪纺绸缠在灯泡基座上，每缠几圈就涂一点热熔胶，直到缠完，最后再涂一点热熔胶固定。

5 继续用雪纺绸缠绕线上的灯泡，这样灯光会更柔和，你也可以留几只灯泡不缠，这样会使灯串更亮。

6 将梦幻灯饰挂在你喜欢的地方，不在家时，记得把它们关上。

Ruffly Round Posy Garland

褶皱花球

试着用不同的花瓣来制作花朵，效果就会大为不同，用圆形不织片做花瓣，就会制作出这种可爱的蓬蓬花球，这些花球可以做成聚会上漂亮的花环，也可以挂在家里作为日常的装饰。

制作14朵花的材料
112片圆形不织布：直径5.1cm
蜡线
包装用麻绳：180cm
长眼绣花针

制作过程

1 将第1片圆形不织布对折2次，变成原先的四分之一。

2 针上穿蜡线，针要穿过折叠好的布片中间，使折叠好的圆形不织布穿在线上。

3 重复步骤1、2，将8片折好的圆形不织布穿在蜡线上。

4 将蜡线末端绑紧，使所有圆形不织布聚拢在一起，然后将它们整理成球形。将圆形不织布张开，使其呈现出一种自然的蓬松状，然后将线绑紧，放在一边。

组合成花

成品尺寸：每朵花直径约4.4cm

5 重复步骤1~4，将剩下的圆形不织布做成13个带褶皱的花球。

6 每个花球都做好后，将它们逐个穿在包装用麻绳上。你可以将它们全聚拢在一起，也可以使它们中间隔一段距离，这全凭你自己的审美了。

像本书中其他的所有花朵一样，这种带褶皱的花球也可以加上茎，绑成花束或者插进花瓶。只需要用热熔胶将1根包布花艺铁丝固定在花朵的中心就可以了。

Succulent Wreath

玉露花环

我喜欢用这种漂亮的手工花环来给家居添点新意，这种不俗的天鹅绒玉露花环很能激发我们的创作灵感，我也是在准备自己婚礼的时候，才在一本婚礼杂志上第一次看到它，那令人惊喜的花环在以后便成了我最喜爱的设计作品了。

制作23枝玉露的材料

淡绿色和深绿色天鹅绒：共45.7cm

绿色不织布

紫色或洋红色记号笔

1个保利龙花环

手缝针

绣线

包装用麻绳或毛线

热熔胶枪

大头针

剪刀

提示：

这个花环上面有23枝玉露，每枝玉露有18~24片天鹅绒叶片，花环中间还有一个天鹅绒卷成的圆圈，背部有1片圆形不织布，根据花环的大小，决定需要的玉露的数量。

▷ 组合成花环

成品尺寸：每枝玉露直径约10.2cm

▷ 制作方法

1　每枝玉露需要1条22.9cm×1.3cm的天鹅绒布和1片直径为5.1cm的圆形绿色不织布，材料备齐，放在一边。

2　每一个叶片都由1片3.8cm×2.5cm的长方形天鹅绒制成，如果是用天鹅绒余料，就将布料剪成18~24片长方形，如果布料充足，就将布料剪成3.8cm宽的布条，然后再将布条剪成2.5cm宽的长方形。

3　将小片布料剪成简单的叶片，上面带尖，下部较宽（有点像键盘上的大括号），可以参照组合图以便理解叶片的形状。

4 如果需要，可以用记号笔给叶片边缘涂上轮廓线，使玉露更加形象。

5 将每一片叶片底部的小角向中间折，然后用一点热熔胶粘牢，一定要确保露出的大部分叶片是蓬松的一边，而不是光滑的一边。

6 针上穿绣线，将第1片叶片缝制在圆形不织布外圈上，缝好固定后，继续沿外圈缝制叶片，注意不要留出空隙。

7 第1层叶片缝好后，再开始从外向里缝制叶片，我通常都是缝3层叶片，偶尔需要的话，就用热熔胶在玉露中间固定2~3片叶片。

8 将布条卷好，用一点热熔胶将其粘在玉露的正中心，作为玉露的中心。

9 重复步骤1~8，总共做23枝玉露，因为要做很多，所以可以制作不同颜色和大小的玉露来进行尝试。

10 如果你使用的是保利龙花环，那肯定不希望花环的颜色露出来，所以你可以先用包装用麻绳或毛线缠绕花环，然后将线的两端用热熔胶固定。

11 现在开始固定玉露了，用大头针将玉露固定在花环上，大头针的好处就是你可以随时进行调整。

12 当花环上插满玉露时，用热熔胶将叶片进行调整固定，也可以只用大头针固定，以便日后方便更换玉露的位置。

Summer Flower Wreath

夏日花环

这里介绍的花环既可以挂在墙上作装饰，也可以戴在头上，你可以根据花环的大小及花朵的多少，决定是做一个大的花环来挂在门上还是做一个小的花环戴在头上。

制作1个花环所需的材料

6朵罂粟花（42页），如果不想用丝绸
做的话，也可以用棉布制作

6朵绒花（21页），这里不使用不织
布，只需要布料就可以了

2根绿色包布花艺铁丝：每根长45.7cm

绿色花艺胶带

12片仿真叶子

绿色棉线

2个小塑料梳子

钳子

热熔胶枪

制作方法

1 用钳子将2根茎剪至7.6cm
长，这个作品不需要太长的
茎。

2 将2根花艺铁丝拧在一起形成
1个适合自己头围大小的圆
圈，用绿色花艺胶带将花艺
铁丝缠好，使整个花环表面
平整且有黏性。

3 将花朵沿花艺铁丝四周放
好，不同的花朵相互穿插，
直到形成自己喜欢的样子，
这时就将每朵花的茎缠绕在
花环上固定，继续沿花环将
茎缠绕在花艺铁丝上，直到
所有的花都固定在花环上。

组合成花环

成品尺寸：直径约25.4cm

4 将叶子上的叶柄穿插在每朵花之间并将其缠在花环上，我喜欢随意安插叶子，使它们看起来像天然长出来的一样，所有叶子都插在花环上之后，再用花艺胶带将叶柄缠好。

5 将绿色棉线的一端用一点热熔胶固定在花环里面，然后用棉线将花环缠好，盖住花艺胶带，我是一部分一部分缠的，每部分需要用棉线约30.5cm。

6 如果需要，可以用一点热熔胶将塑料梳子固定在花环的两边，然后在梳子的梳齿之间缠绕棉线固定。

Templates

纸型

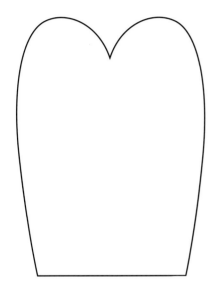

T恤布胸花
86页

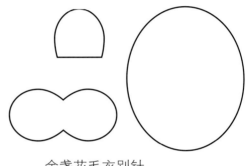

金盏花毛衣别针
67页

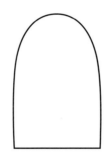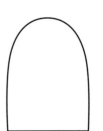

浓郁的大丽花发卡
60页

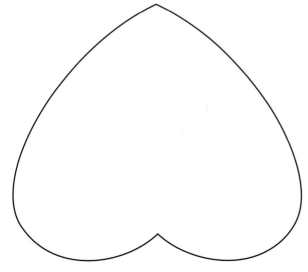

盛开的马蹄莲
28页

樱花胸针
88页

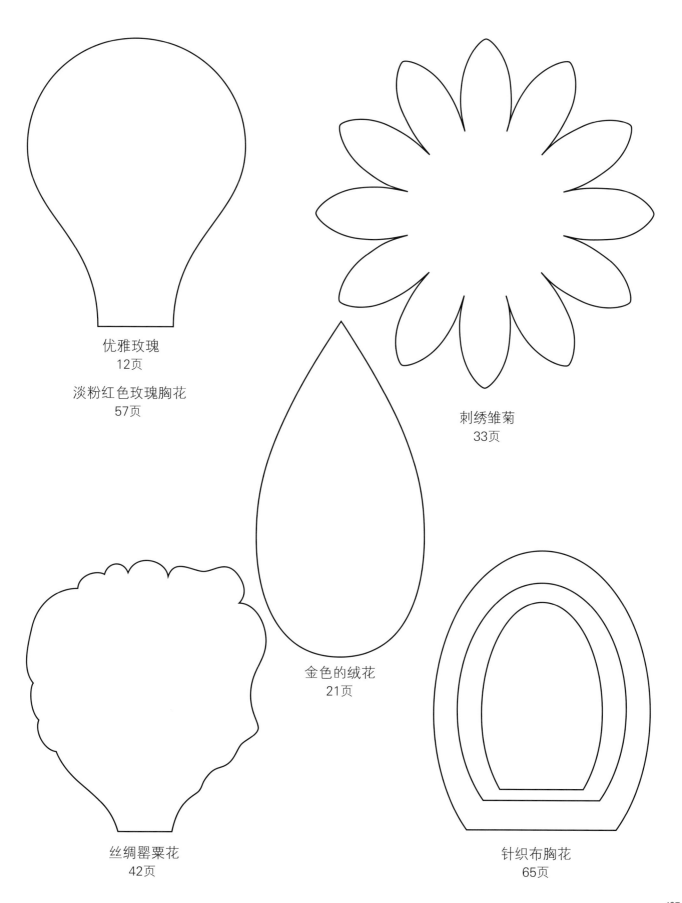

优雅玫瑰
12页

淡粉红色玫瑰胸花
57页

刺绣雏菊
33页

金色的绒花
21页

丝绸罂粟花
42页

针织布胸花
65页

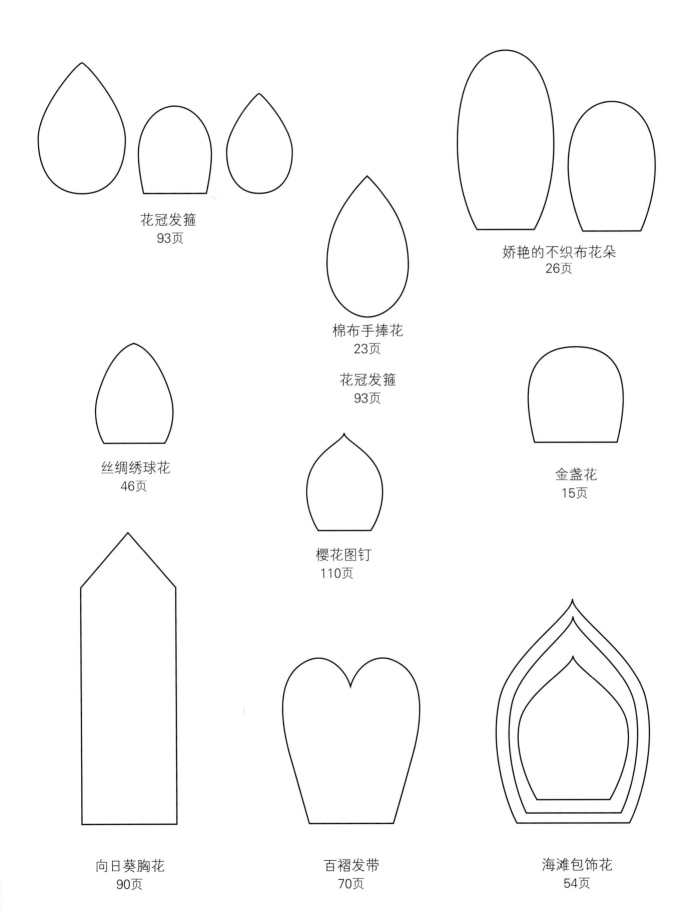

花冠发箍
93页

娇艳的不织布花朵
26页

棉布手捧花
23页

花冠发箍
93页

丝绸绣球花
46页

金盏花
15页

樱花图钉
110页

向日葵胸花
90页

百褶发带
70页

海滩包饰花
54页

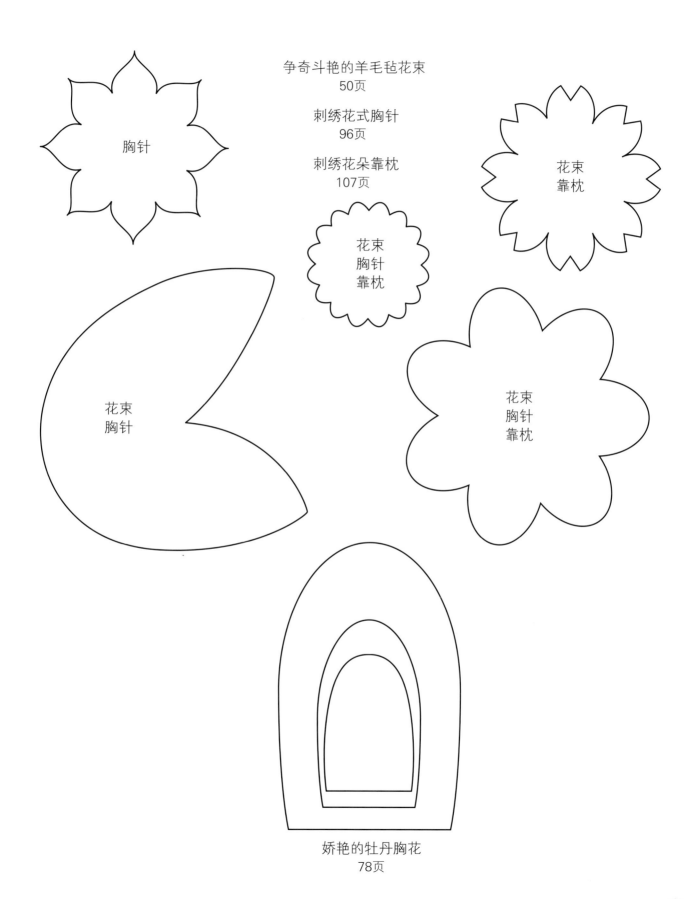

胸针

争奇斗艳的羊毛毡花束
50页

刺绣花式胸针
96页

刺绣花朵靠枕
107页

花束
胸针
靠枕

花束
靠枕

花束
胸针

花束
胸针
靠枕

娇艳的牡丹胸花
78页

版权所有，翻印必究
备案号：豫著许可备字−2015−A−00000021

图书在版编目（CIP）数据

娇艳的布艺花：花朵饰物创意制作 /（美）梅根·亨特著；韩芳译. —郑州：
河南科学技术出版社，2019.8
　　ISBN 978−7−5349−9483−8

Ⅰ．①娇…　Ⅱ．①梅…②韩…　Ⅲ．①布料−手工艺品−制作　Ⅳ．①TS973.51

中国版本图书馆CIP数据核字（2019）第085667号

出版发行：河南科学技术出版社
　　　　　地址：郑州市郑东新区祥盛街27号　　邮编：450016
　　　　　电话：（0371）65737028　　65788613
　　　　　网址：www.hnstp.cn
策划编辑：刘　欣
责任编辑：刘　瑞
责任校对：马晓灿
封面设计：张　伟
责任印制：张艳芳
印　　刷：徐州绪权印刷有限公司
经　　销：全国新华书店
开　　本：889 mm × 1194 mm　1/16　　印张：8　　字数：160千字
版　　次：2019年8月第1版　　2019年8月第1次印刷
定　　价：49.00元

如发现印、装质量问题，影响阅读，请与出版社联系并调换。